DIESES COOLE OSTER FERIEN HEFT

GEHÖRT ____________________

KLASSE ____________ ALTER ____________

HOBBIES ____________________

____

LIEBLINGSFARBE ____________________

Wenn ich ein Lama wäre, sähe ich so aus:

Tolle Ferien wünschen dir

und COOL LAMA®

HEY DU,

willkommen im Lama-Ferienclub. Toll, dass du mit mir und meinen Freunden Zeit verbringst!

Du weißt es noch nicht, aber ... auch DU bist ein Lama! Finde heraus, ob du es zum Pupsi Lama oder Rockstar Lama schaffst: Löse möglichst viele Seiten in diesem Heft. Markiere die gelösten Seiten, indem du das Kästchen um die Seitennummer ausmalst. So kannst du am Ende schnell nachzählen, zu welchem Lama du es gebracht hast.

Tipp: Da es jüngere und ältere Clubmitglieder gibt, unterscheiden wir auf einigen Seiten drei Lama-Level. Level Gelb ist für alle geeignet, Level Grün ist schon etwas kniffeliger und Level Blau ist vor allem für die Oldies im Club.

Viel Spaß!
Dein COOLLAMA

Deinen Lama-Rang erfährst du hinten im Heft

MEIN SCHULJAHR

Ich gehe dieses Jahr in die Klasse ________ .

Bisher finde ich es ________________ .

Meine besten Freunde und Freundinnen sind ______________________________

______________________________ .

Das hat mir an diesem Schuljahr bisher am besten gefallen:

Dieses Fach mag ich gar nicht: ______________________________

____

In den Ferien möchte ich jetzt unbedingt __________

______________________________ .

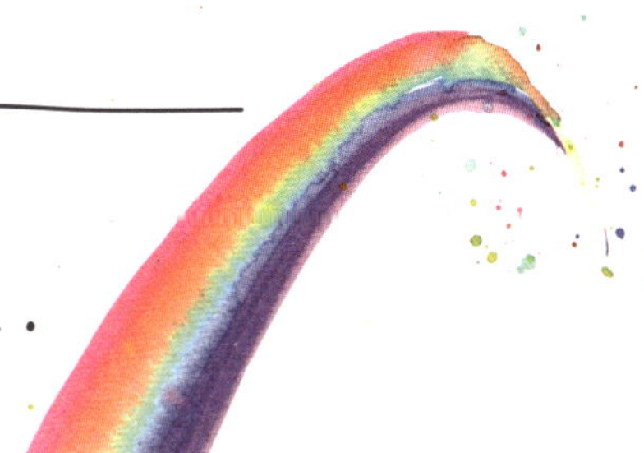

Lama-Level:

EI, EI, EI!

Der Osterhase war etwas verwirrt und hat die Lösungs-Eier durcheinander gebracht. Hilf ihm und verbinde die Aufgaben mit dem richtigen Ergebnis.

$4+3+5+1=$

$2+2+4+6=$

$10+5+3+2=$

$50-30+20+40-30+10=$

$12+24+12-48+12+12=$

$120-70-50+52-30-10=$

$170+40-15-90+55-45+15=$

$5\cdot10\cdot2:10\cdot12:6\cdot2=$

$120:12\cdot10\cdot10:50\cdot20:4=$

60 14 13 20 12 40 24 100 130

PLUS-PARKOUR

Lama-Level:

Die Lamas treten zum Hürdenlauf gegeneinander an.
Nur wer die Plus-Hürden ausgerechnet hat, darf über sie hinwegspringen. Hilf deinem Lama über die Ziellinie.

START

2 + 4 = 6

2 + 3 = 5

2	4	6
3		8
5	9	14

6 + 8 = 14

5 + 9 = 14

4	3	
11	2	
		20

8	2	
	3	
11		

22	13	
19	6	

41	20	
4		24
	40	

	27	79
13	8	
		100

51	26	
95	25	

49	28	
		25
	30	

32	24	
		43
	41	

ZIEL

Die Lösung findest du hinten im Heft.

Lama-Level:

OSTERLAMA

Löse die Aufgaben und male das Osterlama in den entsprechenden Farben aus.

= 20
= 15
= 11
= 6
= 5
= 7
= 10

EIERFÄRBEN

Lama Lorenz hilft beim Eierfärben. Dabei ist es ganz schön schusselig und bringt alle Auftragskarten mit Farb- und Musterwünschen durcheinander.
Kannst du ihm helfen, die Eier richtig anzumalen?

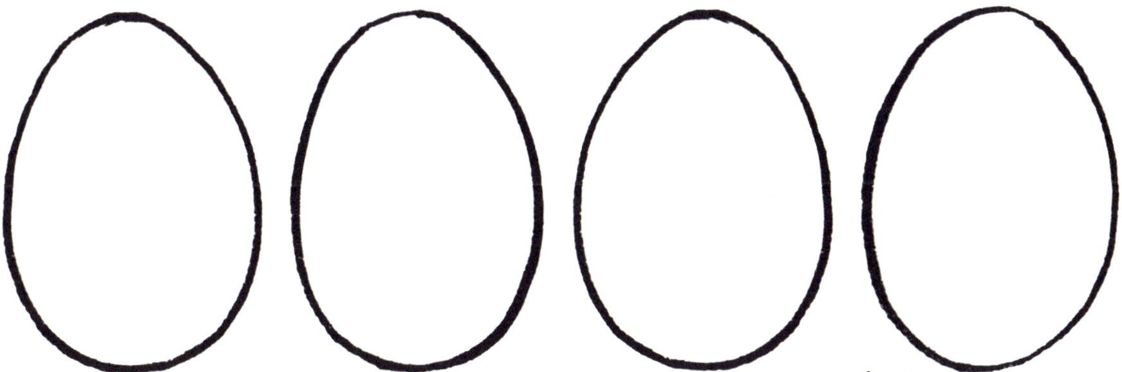

Ganz links ist das gelbe Ei.

Das blaue Ei hat keine Punkte.

Neben dem gelben Ei liegt das Ei mit den roten Streifen.

Das Ei mit den lilafarbenen Punkten ist ganz rechts.

Zwischen dem gelben und dem hellblauen Ei befindet sich das rosafarbene Ei.

Das Ei mit den grünen Punkten ist am weitesten entfernt von dem Ei, das lila Punkte trägt.

Links neben dem orangefarbenen Zickzackmuster ist das Ei mit den roten Streifen.

Das orangefarbene Zickzackmuster auf dem Ei passt gut zum hellblauen Untergrund.

Das Ei mit den lilafarbenen Punkten hat die gleiche Farbe wie die Punkte auf dem linken Ei.

Die Lösung findest du hinten im Heft.

BUCHSTABEN-EI

Findest du den versteckten Osterreim?

J H K L X R A
A N G S T H L X Y
P R E N T H A S E Ö W
I P F E F F E R N A S E Q
I L T M O R G E N K L Ö I Z U
Z I I D E R Y W O O I H T B L
O S T E R M W U W M I Ü W I D
U I Z H R A H E M T S M T
J U T B K Z U T W E U
O S H A S E ! M W
W P U P S M I

Lösung: ______________________________

____

1·1-GIRLANDE

Lama-Level:

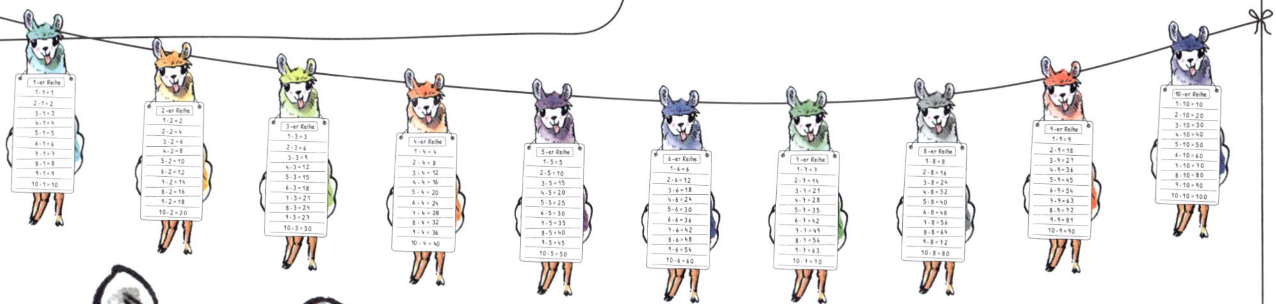

Drucke dir die Vorlagen hier aus:
www.coollama.de/ostern

Schreibe für jede 1·1-Reihe, die du schon gelernt hast, die Aufgaben auf das Schild. Male das Lama an, schneide es aus und hänge es in deinem Zimmer auf. Fertig ist die Lama-Lernhilfe!

Pssst: Die Lösungen und viele lamastarke Online-Übungen rund um die Mal-Reihen findest du auch unter
www.coollama.de/ostern

zum Beispiel so

COOLE FERIENIDEEN

- Kräuter oder Gemüse pflanzen (zum Beispiel Möhren, da freut sich der Osterhase!)
- Osterkarten basteln und verschicken
- in eine Pfütze springen
- einen Osterstrauß binden (vielleicht aus Weidenkätzchen oder Forsythien)
- ein spannendes Buch lesen
- dein Zimmer aufräumen (Haha!)
- einen Osterzopf backen
- in den Zoo gehen
- Steine sammeln und bemalen
- schöne Osterdekoration basteln (Einen Tipp dazu findest du hier im Heft.)
- natürlich Ostereier suchen!
- einmal nachts aufbleiben und die Sterne ansehen
- einen Filme-Abend machen
- den Osterhasen streicheln :-)
- eine Kissenschlacht veranstalten
- Ostereier färben
- eine Fahrradtour machen
- einen Schokohasen essen
- auf einen Baum klettern
- um einen See spazieren
- die Wolken beobachten

RECHEN-RÄTSEL

Lama-Level:

Was frisst Fressi-Lama an Ostern besonders gerne?
Rechne und finde es heraus.

1. Löse alle Aufgaben.

$9 \cdot 8$	$147 : 7$	$23 \cdot 5$	$80 : 10$	$11 \cdot 5$	$56 : 7$

–

3. Trage die passenden Buchstaben in die Ostereier und entziffere die Lösung.

$140 : 7$	$7 \cdot 12$	$160 : 8$	$6 \cdot 7$

2. Welches Ergebnis steht für welchen Buchstaben?

21	115	72	55	84	20	42	8
C	H	S	K	I	E	R	O

Lama-Level:

RECHEN-EIER

Fülle die Lücken.
Die Zahlen in den beiden äußeren Kreisen ergeben zusammen die Zahl in der Mitte.

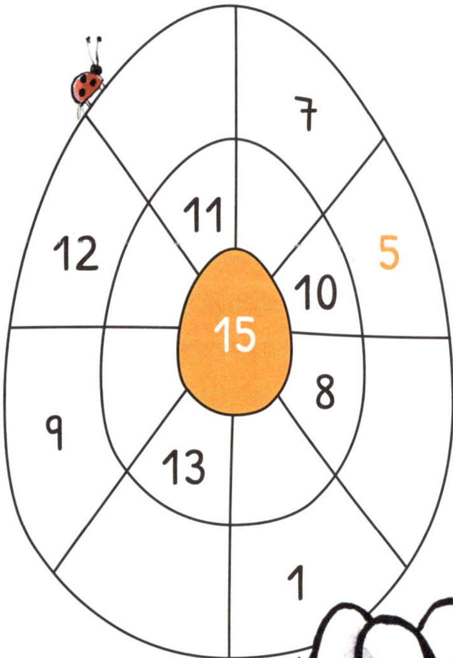

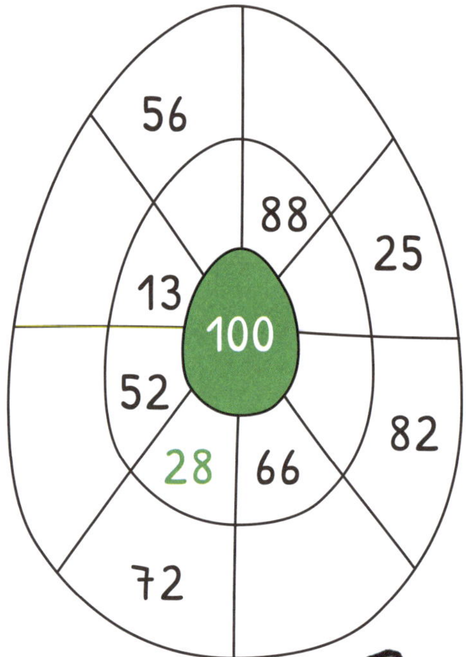

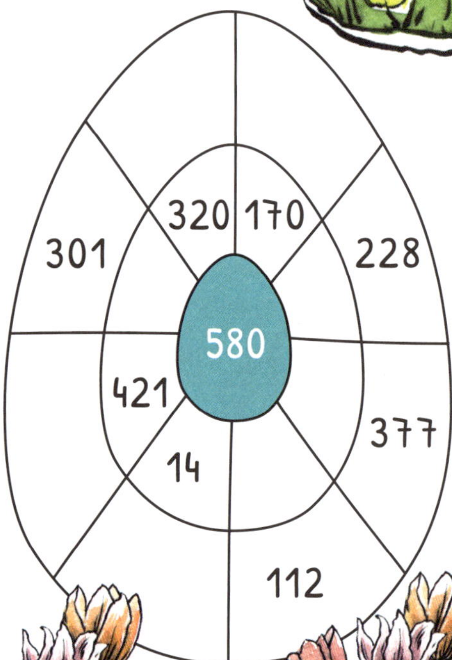

OSTER-FERIEN

LESEECKE

Dieses Buch habe ich in den Ferien gelesen:

Titel:

____

Autor:

____

- ☐ Sachbuch
- ☐ Geschichte
- ☐ Comic
- ☐ Abenteuer
- ☐ Sport
- ☐ Zeitschrift
- ☐ etwas ganz anderes

____

Darum ging es:

____

____

____

____

____

So hat es mir gefallen,

weil ______________________________

____

____

______________________________.

Ich habe es ausgewählt, weil

____

____

____

______________________________.

Lama-Level:

KÖTTEL-ALARM

Pfui, die Lamas haben die ganze Koppel vollgeköttelt!

Zähle die Köttel und notiere die richtige Zehnerzahl dazu.

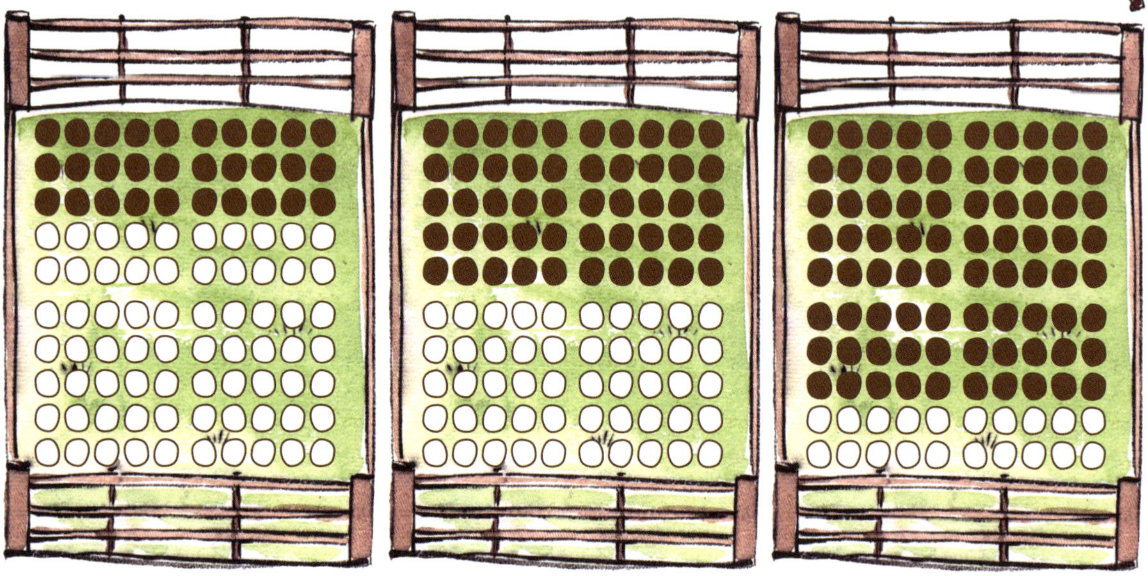

Zeichne die Köttel passend zur Zahl.

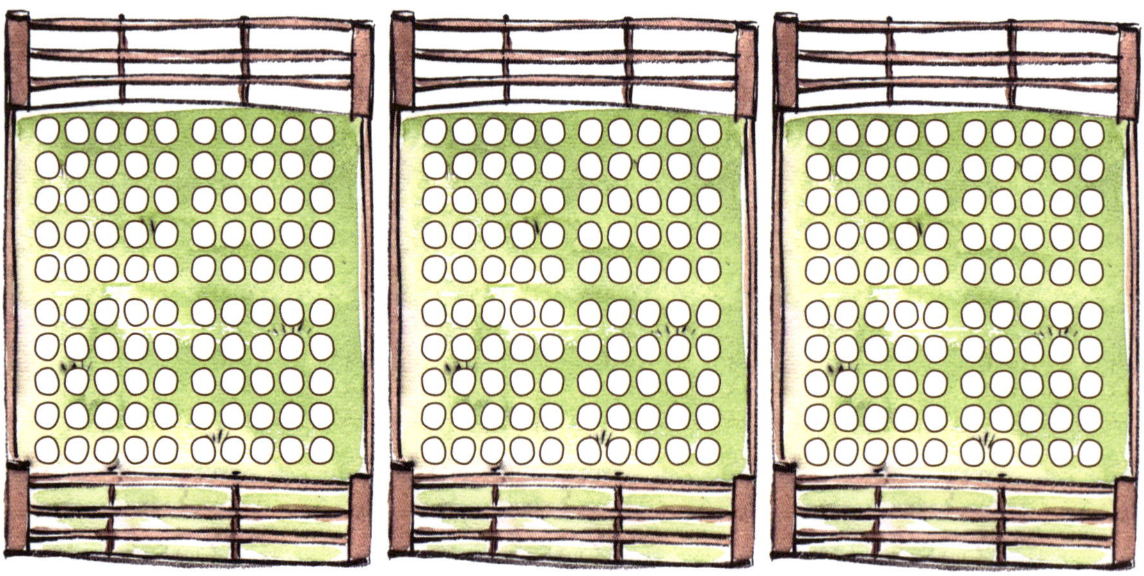

20 40 60

Die Lösung findest du hinten im Heft.

WER KOMMT PÜNKTLICH?

Lama-Level:

Die Lamas haben sich um 16:35 Uhr verabredet.
Welches Lama kommt auf die Minute pünktlich?
Welche Lamas kommen zu spät?

Lama-Level:

MAL-EIER

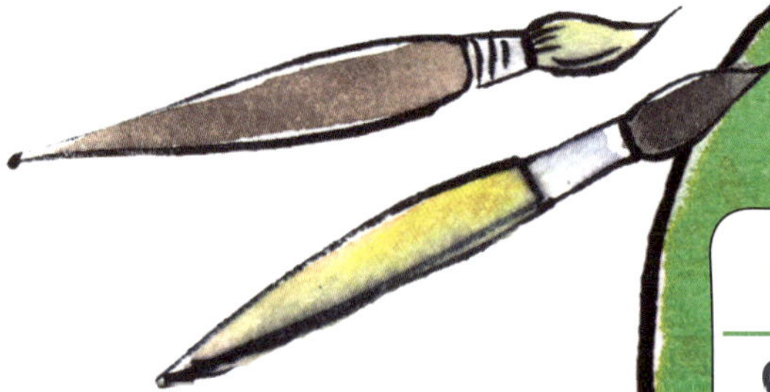

·	4	2
9		
7		

·	2	6
3		
4		

Es beginnt einfach. Rechne aus.

·	5	3
8	40	
7		21

Oh nein! Einige Zahlen sind herausgepurzelt. Setze die Zahlen an den richtigen Stellen ein.

·	4	
	32	
9		

56 8 7 36 63

·		6
3		
		54

9 12 36 18 108

48 8 45 6 72

·		5
		30
9		

Die Lösung findest du hinten im Heft.

OSTEREIER-SUCHE

Findest du alle Ostereier?
Male sie an und zähle.
Es sind ______ Ostereier.

Die Lösung findest du hinten im Heft.

KÖTTEL-CHAOS

In jedem Köttelhaufen versteckt sich ein Wort. Findest du es?

Die Lösung findest du hinten im Heft.

LAMA-GRÜBELEI

Lama-Level:

Rechne die beiden größeren Zahlen zusammen und ziehe die kleinste Zahl ab.
Kreise das richtige Ergebnis ein.

8 8 4

12 8 10

5 7 10

12 8 14

40 60 30

90 70 100

45 20 35

55 40 60

52 34 12

70 47 74

78 62 15

124 125 135

150 270 140

180 280 160

54 87 94

127 137 27

Lama-Level:

OSTEREIER-PARADE

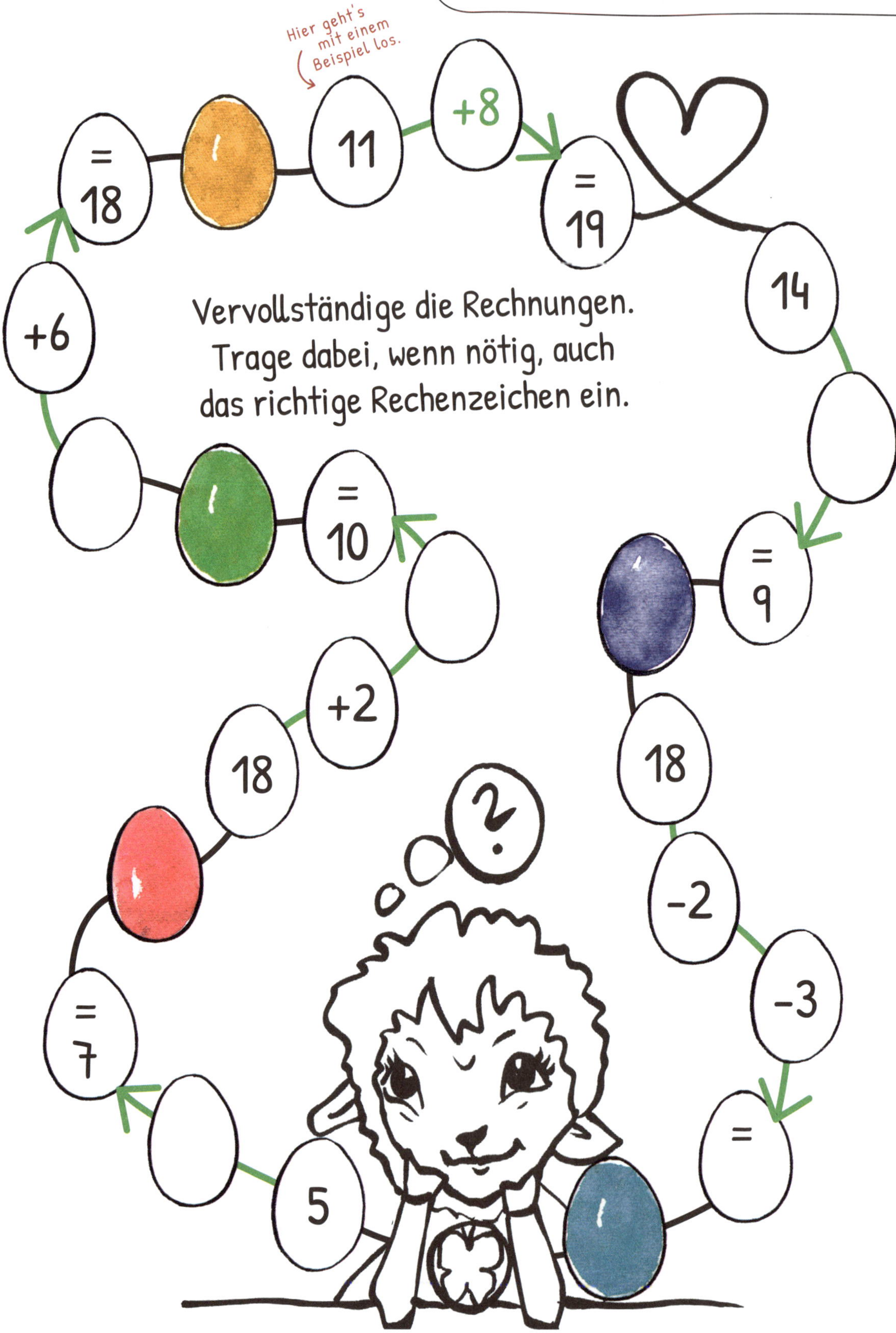

Vervollständige die Rechnungen. Trage dabei, wenn nötig, auch das richtige Rechenzeichen ein.

Hallo und Namaste!

Hast du schon mal Yoga gemacht?
Das macht mega Spaß und entspannt total!
Heute möchte ich mit dir mal eine Übung ausprobieren, die sich "Baum" nennt.

Los geht's!

Zuerst stellst du dich auf deinen linken Fuß.
Dann hebst du den rechten Fuß an und setzt deine Ferse an die Innenseite deines linken Oberschenkels.

Jetzt drückst du noch deine Handinnenflächen gegeneinander wie zum Gebet.

Nun zähle langsam bis 10!

Gar nicht so leicht, das Gleichgewicht zu halten, oder?

Jetzt machst du die gleiche Übung noch mit der anderen Seite. Du stellst dich also auf deinen rechten Fuß und hebst das linke Bein.

Diese Übung fördert das Gleichgewicht und führt zu innerer Ruhe.

Oooooohm!

Na, jetzt kann es doch weitergehen mit dem Rechnen, oder? Viel Spaß dabei!

Namaste.
Dein Yogi Lama

Lama-Level:

GETEILTES LEID

Lama Didi tut sich schrecklich schwer mit der Division. Daher wird er von seinen Lama Kumpels auch oft übers Ohr gehauen. Zum Beispiel, wenn es darum geht, Schoko-Ostereier zu teilen.
Hilf Didi und rechne ihm die folgenden Aufgaben vor.

Rechne aus und schreibe das Ergebnis in das untere Kästchen.

3:3	4:2	9:3	8:2	15:3	12:2				
1						7	8	9	10

Pssst: Lust auf noch mehr Geteilt-Aufgaben mit dem COOLLAMA? Die findest du unter www.coollama.de/ostern

Jetzt andersrum! Erfinde Geteilt-Aufgaben mit diesem Ergebnis.

100:10	45:5	48:6	14:2	24:4	25:5				
						4	3	2	1

120:120	140:70	180:60	320:80	250:50	540:90				
						7	8	9	10

77:7	96:8	65:5	56:4	45:3	64:4				
						17	18	19	20

Die Lösung findest du hinten im Heft.

RECHNEN UND MALEN

Lama-Level:

Rechne schriftlich und male die Ergebnisfelder aus.

$128 + 73$

$580 - 456$

$432 + 288$

$712 - 598$

$422 + 506$

$926 - 204$

$212 + 425$

$659 - 322$

$522 + 478$

KREUZWORTRÄTSEL

Beantworte die Fragen und finde das Lösungswort.

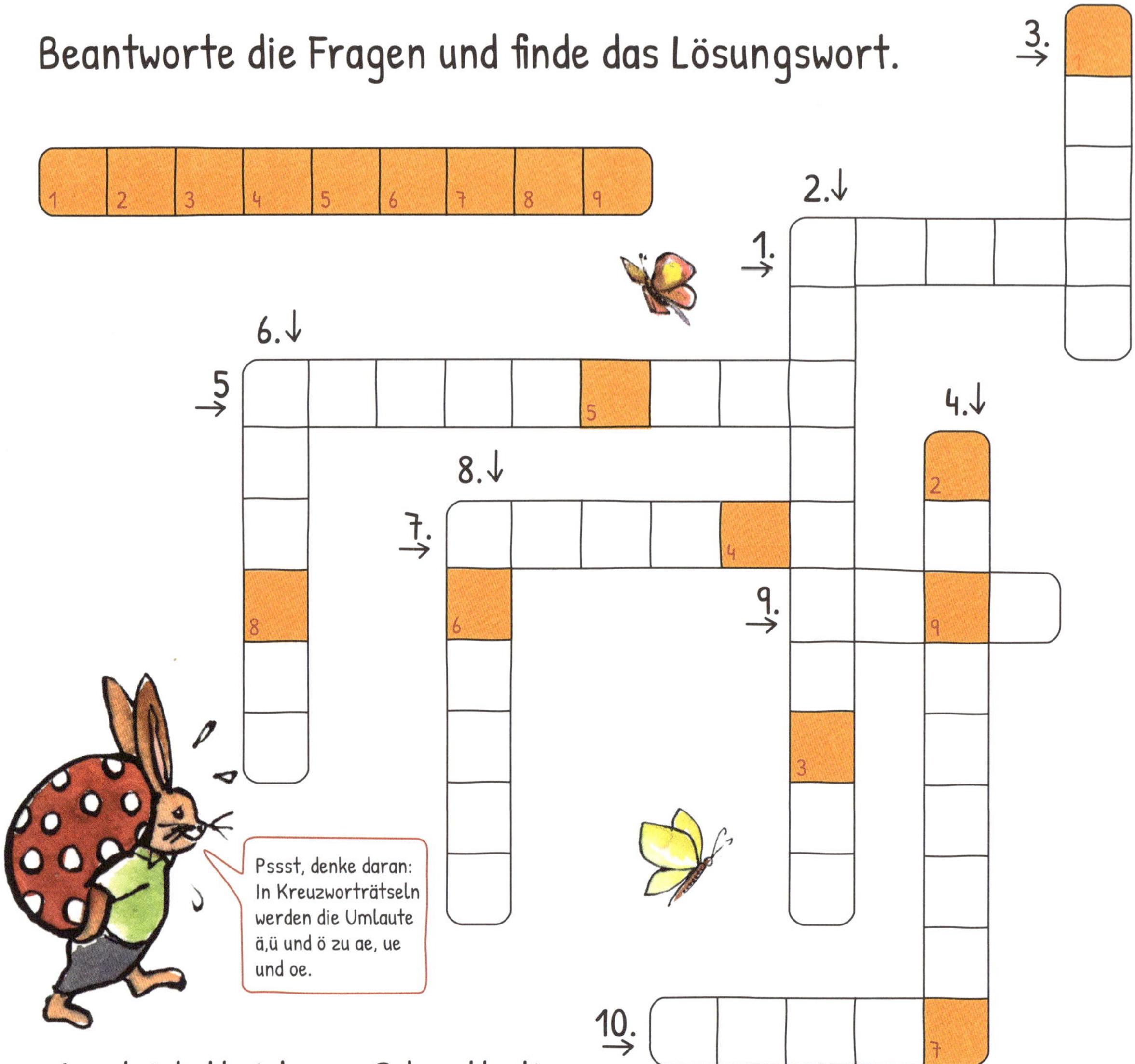

1. entwickelt sich zum Schmetterling
2. erscheint, wenn es gleichzeitig regnet und die Sonne scheint
3. Mutter und ...
4. Wer bringt die Schokoeier?
5. Jahreszeit
6. Tier, das hüpft
7. anderes Wort für Vogelbaby
8. Der Spross von Blättern oder Blüten heißt auch...
9. Darin schläfst du.
10. schöne Blume, die aus einer Zwiebel heraus wächst

Die Lösung findest du hinten im Heft.

Was kann ich besonders gut?
Rechne und finde es heraus.

4 + 1 = ___
6 + 3 = ___
9 − 6 = ___

8 + 4 = ___
10 − 2 = ___
6 + 4 = ___
7 + 3 = ___

5 + 9 = ___
9 − 5 = ___
10 + 10 = ___

6 + 6 = ___
10 − 4 = ___
7 + 8 = ___
13 + 7 = ___
12 + 8 = ___
17 − 2 = ___
3 + 4 = ___
5 + 5 = ___

Rechne aus.

Suche nach dem passenden Buchstaben für dein Ergebnis.

10	N
5	I
12	K
9	C
8	A
3	H
14	G
20	T
7	R
4	U
6	L
15	E

Setze die Buchstaben der Reihe nach an die richtige Stelle ein.

Lama-Level:

MUSTER SPIEGELN

Das schöne Bild vom Mandalama ist auf der rechten Seite ganz verschwunden. Kannst du es wieder in den gleichen Mustern und Farben anmalen?

Pssst: Möchtest du dein eigenes Mandalama kreieren? Unter www.coollama.de/ostern findest du die Lösung für dieses Mandalama und mehr tolle Vorlagen!

LAMA-LOGIK

Lama-Level:

Welche Zahlen verstecken sich unter den Lamas?

1	2		4	5	6	7	8	9	10
11									20
21									30
31									40
									50
51									
61									70
71									80
81									90
91	92	93	94	95	96	97		99	100

			904						
911									
								999	

HÄSCHEN HÜPF!

Wer möchte süße Osterhasen zum Aufhängen basteln?

DAS BRAUCHT IHR:

- Tonpapier
- Schere
- Kleber
- eine Schnur
- alles, was der Bastelvorrat hergibt (zum Beispiel Wackelaugen, bunte Schnüre, Pompons oder Filz)

LOS GEHT'S!

- Druckt euch die Osterhasenvorlage aus (gibt's unter www.coollama.de/ostern) oder schneidet selbst ganz mutig eine Hasenform aus Tonpapier zurecht.
- Macht zwischen den Ohren ein kleines Loch in das Tonpapier und zieht eine Schnur zum späteren Aufhängen hindurch.
- Jetzt wird's kreativ. Malt oder klebt eurem Osterhasen Augen, Nase, Bäuchlein, Zähne und/oder Pummelschwänzchen auf.
- Wenn alles gut getrocknet ist, könnt ihr euer Kunstwerk aufhängen.

MAL-DOMINO

Lama-Level:

Schneide die einzelnen Domino Karten aus, mische sie und los geht's! Die Karten müssen so aneinander gereiht werden, dass das Ergebnis an die dazugehörige Aufgabe angelegt wird.

 START	$3 \cdot 4$	42	$4 \cdot 6$
12	$5 \cdot 8$	24	$9 \cdot 3$
40	$7 \cdot 7$	27	$10 \cdot 10$
49	$8 \cdot 9$	100	ENDE 
72	$6 \cdot 7$		

auf den Linien ausschneiden

Pssst: Du kannst entweder diese Seite nutzen. Achte dann nur auf den richtigen Level, denn die Rückseite ist ebenfalls bedruckt.
Oder du besuchst unsere Webseite und druckst dir dort die Vorlage aus. Die Lösung gibt's da auch.
www.coollama.de/ostern

Lama-Level:

MAL-DOMINO

Schneide die einzelnen Domino Karten aus, mische sie und los geht's! Die Karten müssen so aneinander gereiht werden, dass das Ergebnis an die dazugehörige Aufgabe angelegt wird.

 START	17·3	96	6·80
51	5·30	480	7·70
150	4·15	490	6·18
60	70·9	630	8·12
		108	ENDE 

auf den Linien ausschneiden

Pssst: Du kannst entweder diese Seite nutzen. Achte dann nur auf den richtigen Level, denn die Rückseite ist ebenfalls bedruckt.
Oder du besuchst unsere Webseite und druckst dir dort die Vorlage aus. Die Lösung gibt's da auch.
www.coollama.de/ostern

OSTERTELLER

Lama-Level:

Male jedes Osterei einfarbig an. Verwende dabei nur die angegebenen Farben. Jeder Teller soll anders aussehen.

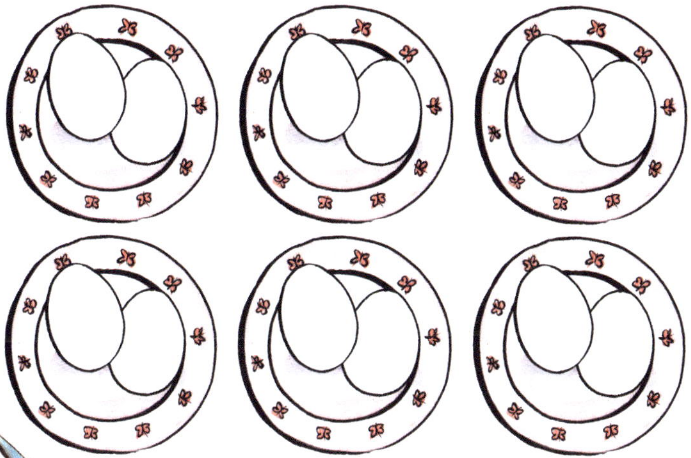

Wie viele Möglichkeiten gibt es? ______

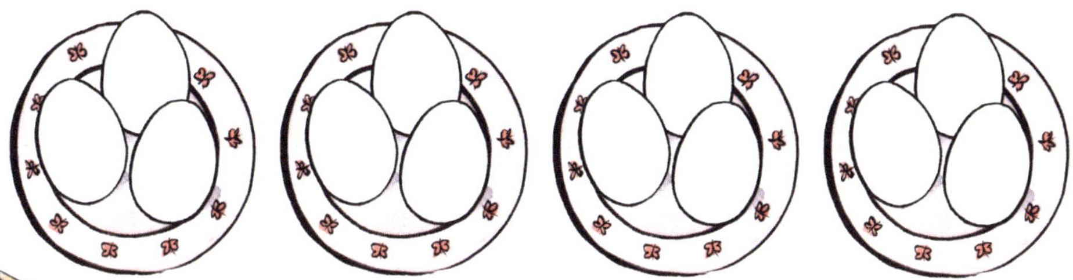

Wie viele Möglichkeiten gibt es? ______

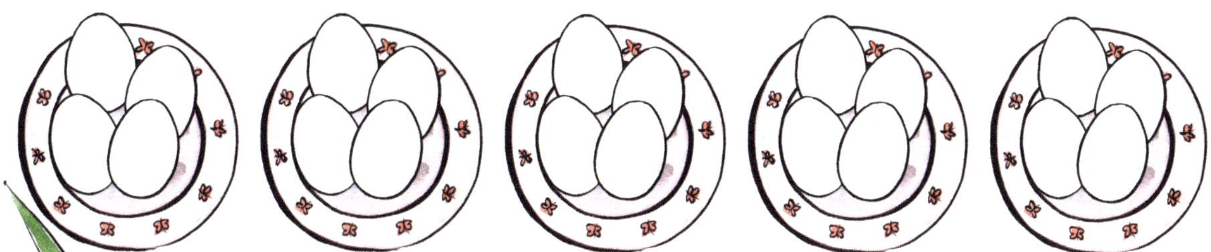

Wie viele Möglichkeiten gibt es? ______

Die Lösung findest du hinten im Heft.

Lama-Level:

ZAUBER-EI

Diese Eier halten eine Knobelei für dich bereit. In jeder Reihe, Spalte und Diagonalen soll die Summe der Zahlen gleich sein. Vervollständige dein Ei und setze die passenden Zahlen ein!

		8
	5	1
2		6

1. Finde das gesuchte Ergebnis heraus: 2+5+8=?

2. Setze die passende Zahl ein, um auch in den anderen Reihen und Spalten auf das gesuchte Ergebnis zu kommen.

		18
20	24	
30		

Manchmal kann dir die Umkehraufgabe helfen: gesuchtes Ergebnis−24−20=?

280		
	250	
160		220

Hier hast du Platz für Zwischenrechnungen.

OSTER-FERIEN

Die Lösung findest du hinten im Heft.

LESEN UND MALEN

Der Osterhase hat jede Menge zu tun. Noch so viele Ostereier sind zu bemalen. Kannst du ihm helfen?

Das Osterei ist hellgelb eingefärbt.

Ganz oben hat es einen breiten roten Streifen.

Darunter sind vier grüne Punkte aufgemalt.

Genau in der Mitte befindet sich eine blaue Zickzack-Linie.

Ganz unten ist ein orangefarbener Streifen mit einem Lamakopf in der Mitte.

Das Osterei ist hellrosa eingefärbt.

Genau in der Mitte wurde eine blaue Wellenlinie aufgemalt.

Darüber siehst du in regelmäßigen Abständen rote Punkte.

Über den roten Punkten befindet sich eine grüne Zickzack-Linie.

Auf jeder Spitze des Musters sieht man ein rotes Herz.

Ganz unten ist ein dicker grüner Streifen.

Die Lösung findest du hinten im Heft.

Lama-Level:

FRESS-FIASKO

Der Osterhase hat den Lamas einen Streich gespielt und ihre Fresseimer vertauscht! Hilf den Lamas und male den Weg zu ihrem jeweiligen Eimer.

Die Lösung findest du hinten im Heft.

KÖTTELREIHE

Lama-Level:

Ergänze die Köttelreihen.

10			13	14						20
20	18					8	6			
3	6									

15	20								60
99		77							
20							180	200	

199	219								379
	1205					1705			
2599			4099						7099

DER WEG ZUM EI

Welches Lama findet den Weg zu den Ostereiern?

Die Lösung findest du hinten im Heft.

RICHTIG ODER FALSCH

Lama Fun Facts: richtig oder falsch? Kreise jeweils den Buchstaben in der passenden Farbe ein.

1) Lamas können bis zu 150 Kilogramm schwer werden. L | K
2) Meist sind die Männchen etwas größer als die Weibchen. O | A
3) Mit der Wolle von Lamas kann man einen Pulli stricken. M | P
4) Lamas werden manchmal auch als Lasttier genutzt. A | E
5) Wird einem Lama seine Last zu schwer, pupst es ganz laut! M | L
6) Ein Lama ist mit fünf bis sechs Jahren erwachsen. A | I
7) Lamas sind sehr laute Tiere! P | E
8) Die Kacka von Lamas wird manchmal genutzt, um ein Feuer zu machen! B | Ö
9) Lamas werden 15 bis 20 Jahre alt. E | L

LÖSUNGSWORT: _ _ _ _ _ _ _ _ _

1) Richtig! Lamas werden ca. 120–150 Kilogramm schwer: ungefähr sechsmal schwerer als du.
2) Falsch! Tatsächlich sind die Weibchen immer etwas größer als ihre männlichen Artgenossen.
3) Richtig! Vor allem die Weibchen werden geschoren und liefern kostbare Wolle.
4) Richtig! In unzugänglichen Gegenden in Südamerika schleppen nicht Esel, sondern Lamas das Gepäck auf ihrem Rücken.
5) Falsch! Pupsen tut es vielleicht auch, insbesondere aber legt sich das Lama hin und steht erst wieder auf, wenn das Gewicht seiner Last verringert wurde.
6) Falsch! Ein Lama ist bereits mit zwei bis drei Jahren erwachsen und kann dann auch schon eigene Lamakinder bekommen!
7) Falsch! Lamas sind vergleichsweise leise Tiere. Sie geben meist nur eine Art Wiehern von sich, wenn sie ihre Herde vor einer Gefahr warnen wollen.
8) Richtig! Die Lamas kötteln immer an die gleichen Stellen. So entstehen große Haufen, die mit der Zeit trocknen und von den Indios dann als Brennmaterial genutzt werden.
9) Richtig!

Die Lösung findest du hinten im Heft.

Lama-Level:

CHAOS CLUB

Die Lamas sind total aufgedreht und wuseln wild umher.
In welche Richtung zeigen oder bewegen sie sich?
Schreibe ein L für links und ein R für rechts in die Kästchen.

Lama-Level:

Ergänze die fehlenden Zahlen in den Ostereier-Pyramiden.

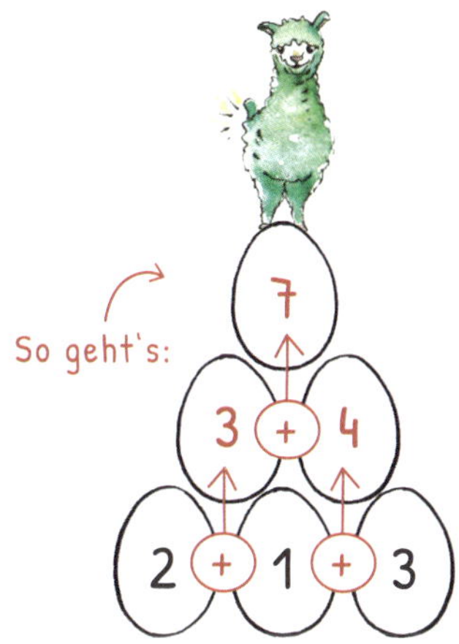

SCHON VORBEI

Meine Ferien waren ...

 super!

 ging so.

 langweilig.

Meine Ferien in einem Wort:

Das Wetter war an den meisten Tagen ...

Morgens habe ich meistens bis ...

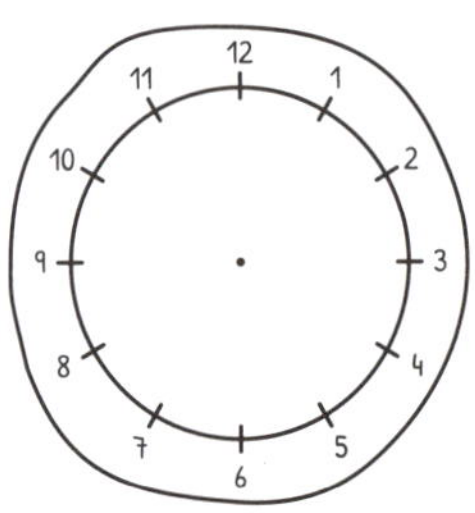

geschlafen!

Manchmal durfte ich bis ...

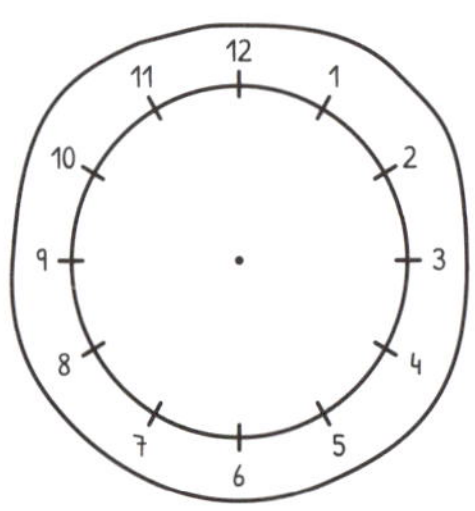

aufbleiben!

Ich war in den Ferien

- ☐ zuhause
- ☐ im Urlaub
- ☐ bei Freunden / Familie

Ich habe Ostern so gefeiert:

Das hat der Osterhase gebracht:

So sah mein schönstes Osterei aus:

Das Alleraller-tollste war ...

STUNDE DER WAHRHEIT

Ha! Jetzt kommt die Stunde der Wahrheit.
Welches Lama bist du?

Zähle alle Seiten, die du (ganz oder nur für dein Lama-Level) gelöst hast. Spaßseiten zählen dabei ebenso wie Mathe- oder Deutschseiten.
Finde dann mit Hilfe deiner Punktzahl dein Lama...

Ich habe ☐ Seiten gelöst und bin ein

- ☐ 0-5: Sleepy Lama
- ☐ 6-11: Pupsi Lama
- ☐ 12-16: Hippie Lama
- ☐ 17-20: Rechen Lama
- ☐ 21-23: Rockstar Lama
- ☐ 24 und mehr: Cool Lama

Und wenn du wissen willst, wieviel Pupskraft dein Lama hat, besuche www.coollama.de/stunde-der-wahrheit.

Bis zu den nächsten Ferien.
Dein COOLLAMA

LÖSUNGEN

S.4 EI, EI, EI!

Der Osterhase war etwas verwirrt und hat die Lösungs-Eier durcheinander gebracht. Hilf ihm und verbinde die Aufgaben mit dem richtigen Ergebnis.

4 + 3 + 5 + 1 =
7 12 13

2 + 2 + 4 + 6 =
4 8 14

10 + 5 + 3 + 2 =
15 18 20

50 − 30 + 20 + 40 − 30 + 10 =
20 40 80 50 60

12 + 24 + 12 − 48 + 12 + 12 =
36 48 0 12 24

120 − 70 − 50 + 52 − 30 − 10 =
50 0 52 22 12

170 + 40 − 15 − 90 + 55 − 45 + 15 =
210 195 105 160 115 130

5 · 10 · 2 : 10 · 12 : 6 · 2 =
50 100 10 120 20 40

120 : 12 · 10 · 10 : 50 · 20 : 4 =
10 100 1000 20 400 100

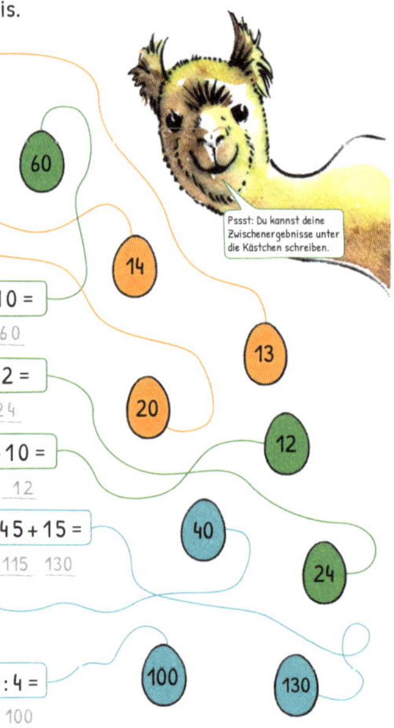

S.5 PLUS-PARKOUR

Die Lamas treten zum Hürdenlauf gegeneinander an. Nur wer die Plus-Hürden ausgerechnet hat, darf über sie hinwegspringen. Hilf deinem Lama über die Ziellinie.

START

2 + 4 = 6; 2 + 3 = 5; 6 + 8 = 14; 5 + 9 = 14

2	4	6
3	5	8
5	9	14

4	3	7
11	2	13
15	5	20

8	2	10
3	3	6
11	5	16

22	13	35
19	6	25
41	19	60

41	20	61
4	20	24
45	40	85

52	27	79
13	8	21
65	35	100

51	26	77
95	25	120
146	51	197

49	28	77
23	2	25
72	30	102

32	24	56
26	17	43
58	41	99

ZIEL

S.6 OSTERLAMA

Löse die Aufgaben und male das Osterlama in den entsprechenden Farben aus.

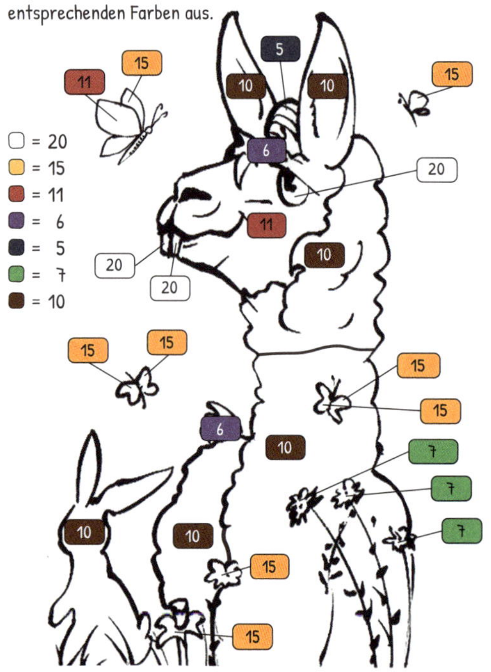

S.7 EIERFÄRBEN

Lama Lorenz hilft beim Eierfärben. Dabei ist es ganz schön schusselig und bringt alle Auftragskarten mit Farb- und Musterwünschen durcheinander.
Kannst du ihm helfen, die Eier richtig anzumalen?

Ganz links ist das gelbe Ei.

Das blaue Ei hat keine Punkte.

Neben dem gelben Ei liegt das Ei mit den roten Streifen.

Das Ei mit den lilafarbenen Punkten ist ganz rechts.

Zwischen dem gelben und dem hellblauen Ei befindet sich das rosafarbene Ei.

Das Ei mit den grünen Punkten ist am weitesten entfernt von dem Ei, das lila Punkte trägt.

Links neben dem orangefarbenen Zickzackmuster ist das Ei mit den roten Streifen.

Das orangefarbene Zickzackmuster auf dem Ei passt gut zum hellblauen Untergrund.

Das Ei mit den lilafarbenen Punkten hat die gleiche Farbe wie die Punkte auf dem linken Ei.

LÖSUNGEN

S. 8 BUCHSTABEN-EI

Findest du den versteckten Osterreim?

J H K L X R A
A N G S T H L X Y
P R E N T H A S E Ö W
I P F E F F E R N A S E Q
I L T M O R G E N K L Ö I Z U
Z I I D E R Y W O O I H T B L
O S T E R M W U W M I Ü W I D
U I Z H R A H E M T S M T
J U T B K Z U T W E U
O S H A S E ! M W
W P U P S M I

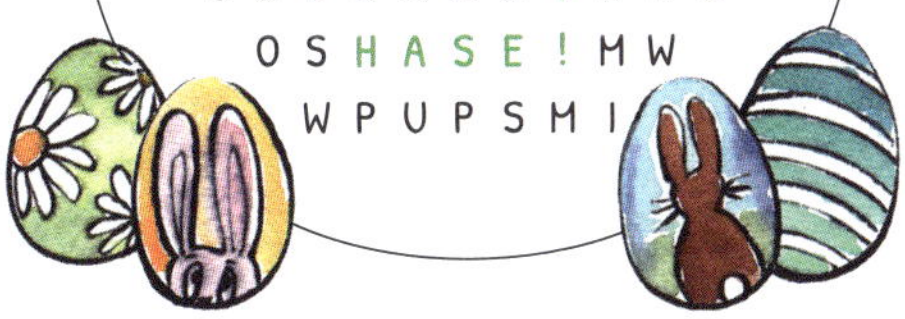

Lösung: ANGSTHASE, PFEFFERNASE, MORGEN KOMMT DER OSTERHASE!

S. 11 RECHEN-RÄTSEL

Was frisst Fressi-Lama an Ostern besonders gerne?
Rechne und finde es heraus.

1. Löse alle Aufgaben.

9·8	147:7	23·5	80:10	11·5	56:7
72	21	115	8	55	8
S	C	H	O	K	O -

3. Trage die passenden Buchstaben in die Ostereier und entziffere die Lösung.

140:7	7·12	160:8	6·7
20	84	20	42
E	I	E	R

2. Welches Ergebnis steht für welchen Buchstaben?

21	115	72	55	84	20	42	8
C	H	S	K	I	E	R	O

S. 12 RECHEN-EIER

Fülle die Lücken.
Die Zahlen in den beiden äußeren Kreisen ergeben zusammen die Zahl in der Mitte.

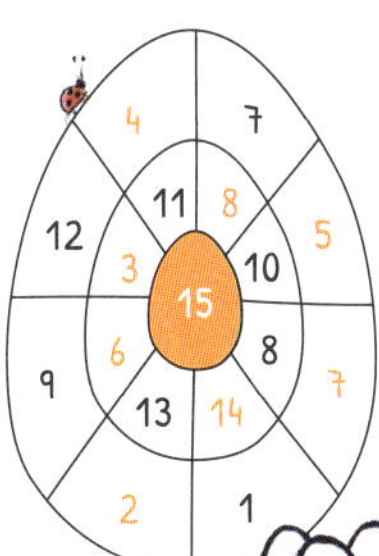

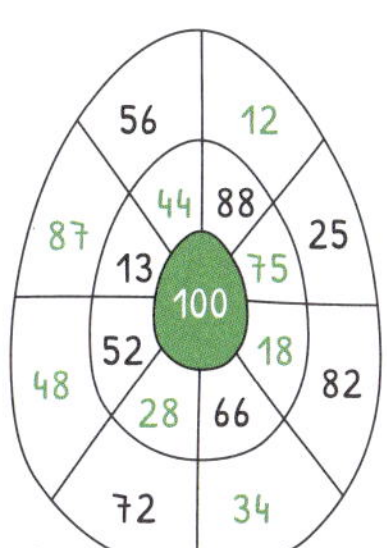

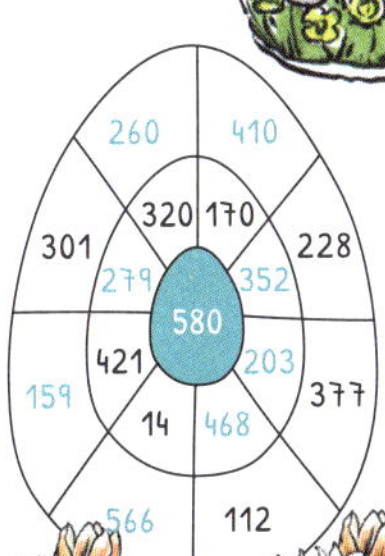

S. 14 KÖTTEL-ALARM

Pfui, die Lamas haben die ganze Koppel vollgeköttelt!

Zähle die Köttel und notiere die richtige Zehnerzahl dazu.

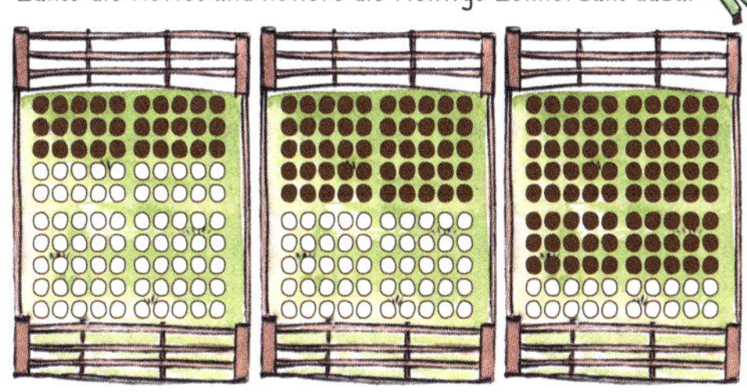

30 50 80

Zeichne die Köttel passend zur Zahl.

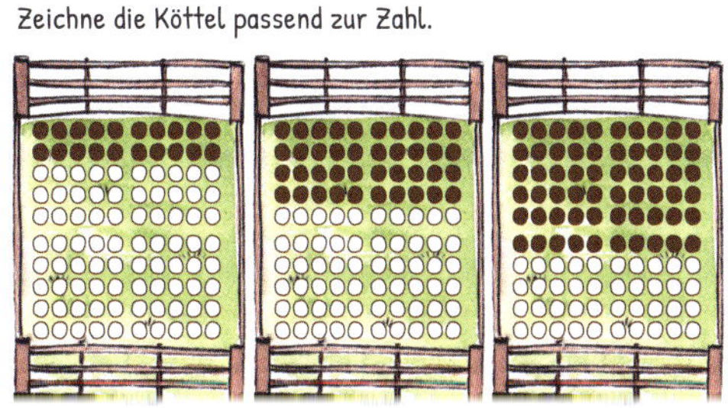

20 40 60

LÖSUNGEN

S. 15 WER KOMMT PÜNKTLICH?

Die Lamas haben sich um 16:35 Uhr verabredet.
Welches Lama kommt auf die Minute pünktlich? (grün)
Welche Lamas kommen zu spät? (rot)

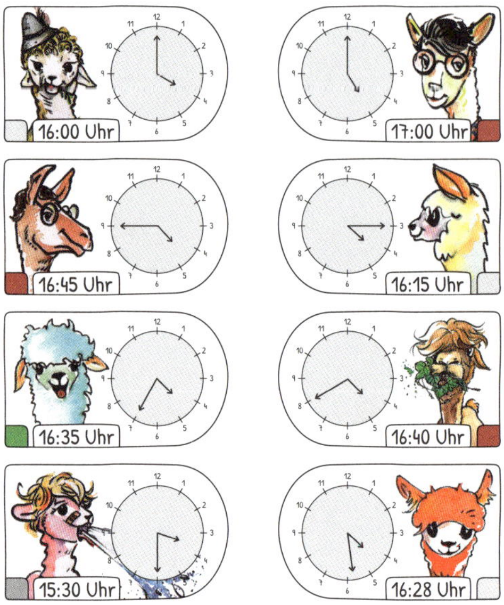

S. 16 MAL-EIER

·	4	2
9	36	18
7	28	14

·	2	6
3	6	18
4	8	24

Es beginnt einfach. Rechne aus.

·	5	3
8	40	24
7	35	21

Oh nein! Einige Zahlen sind herausgepurzelt. Setze die Zahlen an den richtigen Stellen ein.

·	4	7
8	32	56
9	36	63

·	12	6
3	36	18
9	108	54

·	8	5
6	48	30
9	72	45

S. 17 OSTEREIER-SUCHE

Findest du alle Ostereier?
Male sie an und zähle.
Es sind 23 Ostereier.

S. 18 KÖTTEL-CHAOS

In jedem Köttelhaufen versteckt sich ein Wort.
Findest du es?

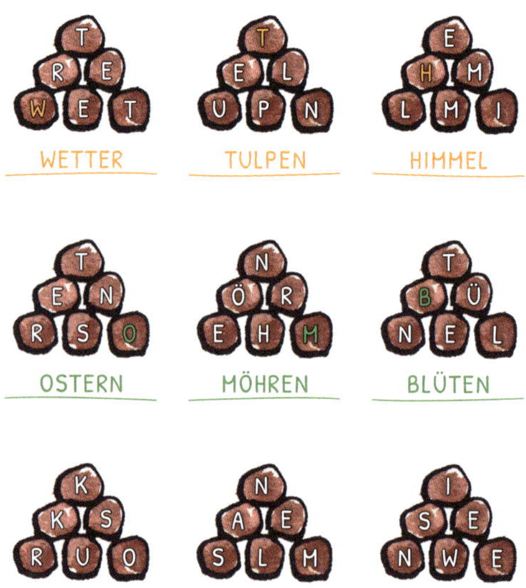

WETTER — TULPEN — HIMMEL

OSTERN — MÖHREN — BLÜTEN

KROKUS — AMSELN — WIESEN

LÖSUNGEN

S. 19 LAMA-GRÜBELEI

Rechne die beiden größeren Zahlen zusammen und ziehe die kleinste Zahl ab.
Kreise das richtige Ergebnis ein.

S. 20 OSTEREIER-PARADE

Vervollständige die Rechnungen. Trage dabei, wenn nötig, auch das richtige Rechenzeichen ein.

S. 22 GETEILTES LEID

Lama Didi tut sich schrecklich schwer mit der Division. Daher wird er von seinen Lama Kumpels auch oft übers Ohr gehauen. Zum Beispiel, wenn es darum geht, Schoko-Ostereier zu teilen.
Hilf Didi und rechne ihm die folgenden Aufgaben vor.

Rechne aus und schreibe das Ergebnis in das untere Kästchen.

3:3	4:2	9:3	8:2	15:3	12:2	21:3	32:4	90:10	20:2
1	2	3	4	5	6	7	8	9	10

Pssst: Lust auf noch mehr Geteilt-Aufgaben mit dem COOLLAMA?
Die findest du unter www.coollama.de/ostern

Hier gibt es mehrere richtige Möglichkeiten. Welche hast du gefunden?

100:10	45:5	48:6	14:2	24:4	25:5	8:2	18:6	8:4	10:10
10	9	8	7	6	5	4	3	2	1

120:120	140:70	180:60	320:80	250:50	540:90	350:50	640:80	270:30	1000:100
1	2	3	4	5	6	7	8	9	10

77:7	96:8	65:5	56:4	45:3	64:4	51:3	180:10	38:2	2000:100
11	12	13	14	15	16	17	18	19	20

S. 23 RECHNEN UND MALEN

Rechne schriftlich und male die Ergebnisfelder aus.

```
  128      580      432
+  73    - 456    + 288
   11        1      11
  201      124      720

  712      422      926
- 598    + 506    - 204
   11                  
  114      928      722

  212
+ 425
  637

  659
- 322
  337

  522
+ 478
 1 11
 1000
```

LÖSUNGEN

S. 24 KREUZWORTRÄTSEL

Beantworte die Fragen und finde das Lösungswort.

V O G E L N E S T

1. entwickelt sich zum Schmetterling
2. erscheint, wenn es gleichzeitig regnet und die Sonne scheint
3. Mutter und ...
4. Wer bringt die Schokoeier?
5. Jahreszeit
6. Tier, das hüpft
7. anderes Wort für Vogelbaby
8. Der Spross von Blättern oder Blüten heißt auch...
9. Darin schläfst du.
10. schöne Blume, die aus einer Zwiebel heraus wächst

S. 25 DAS KANN ICH GUT

Was kann ich besonders gut?
Rechne und finde es heraus.

Rechne aus.

4 + 1 = 5
6 + 3 = 9
9 − 6 = 3

8 + 4 = 12
10 − 2 = 8
6 + 4 = 10
7 + 3 = 10

5 + 9 = 14
9 − 5 = 4
10 + 10 = 20

6 + 6 = 12
10 − 4 = 6
7 + 8 = 15
13 + 7 = 20
12 + 8 = 20
17 − 2 = 15
3 + 4 = 7
5 + 5 = 10

Suche nach dem passenden Buchstaben für dein Ergebnis.

10	N
5	I
12	K
9	C
8	A
3	H
14	G
20	T
7	R
4	U
6	L
15	E

Setze die Buchstaben der Reihe nach an die richtige Stelle ein.

I C H K A N N G U T K L E T T E R N.

S. 27 LAMA-LOGIK

Welche Zahlen verstecken sich unter den Lamas?

1	2		4	5	6	7	8	9	10
11	12	13	14			17	18	19	20
21		23	24	25	26	27	28		30
31	32	33	34	35	36		38	39	40
	42	43	44	45	46	47	48	49	50
51	52	53		55	56	57	58	59	
61	62	63	64	65	66	67		69	70
71	72	73	74	75	76	77	78	79	80
81	82	83	84		86	87	88	89	90
91	92	93	94	95	96	97		99	100

3, 37
22, 60
29, 68
15, 41
16, 85
54, 98

968, 950
987, 956
925, 901
944, 918
962, 993
932, 974

	902	903	904	905	906	907	908	909	910
911	912	913	914	915	916	917		919	920
921	922	923	924		926	927	928	929	930
931		933	934	935	936	937	938	939	940
941	942	943		945	946	947	948	949	
951	952	953	954	955		957	958	959	960
961		963	964	965	966	967		969	970
971	972	973		975	976	977	978	979	980
981	982	983	984	985	986		988	989	990
991	992		994	995	996	997	998	999	1000

S. 31 OSTERTELLER

Male jedes Osterei einfarbig an. Verwende dabei nur die angegebenen Farben. Jeder Teller soll anders aussehen.

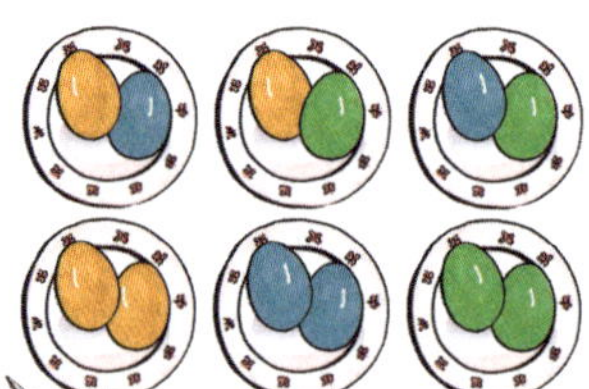

Wie viele Möglichkeiten gibt es? 6

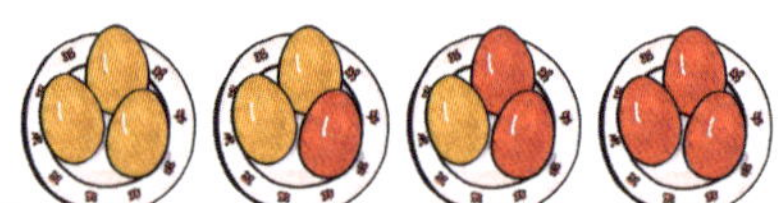

Wie viele Möglichkeiten gibt es? 4

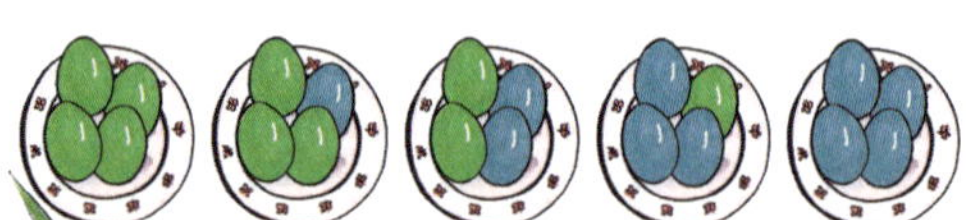

Wie viele Möglichkeiten gibt es? 5

LÖSUNGEN

S. 32 ZAUBER-EI

Diese Eier halten eine Knobelei für dich bereit. In jeder Reihe, Spalte und Diagonalen soll die Summe der Zahlen gleich sein. Vervollständige dein Ei und setze die passenden Zahlen ein!

4	3	8
9	5	1
2	7	6

22	32	18
20	24	28
30	16	26

280	130	340
310	250	190
160	370	220

S. 33 LESEN UND MALEN

Der Osterhase hat jede Menge zu tun. Noch so viele Ostereier sind zu bemalen. Kannst du ihm helfen?

Das Osterei ist hellgelb eingefärbt.

Ganz oben hat es einen breiten roten Streifen.

Darunter sind vier grüne Punkte aufgemalt.

Genau in der Mitte befindet sich eine blaue Zickzack-Linie.

Ganz unten ist ein orangefarbener Streifen mit einem Lamakopf in der Mitte.

Das Osterei ist hellrosa eingefärbt.

Genau in der Mitte wurde eine blaue Wellenlinie aufgemalt.

Darüber siehst du in regelmäßigen Abständen rote Punkte.

Über den roten Punkten befindet sich eine grüne Zickzack-Linie.

Auf jeder Spitze des Musters sieht man ein rotes Herz.

Ganz unten ist ein dicker grüner Streifen.

S. 34 FRESS-FIASKO

Der Osterhase hat den Lamas einen Streich gespielt und ihre Fresseimer vertauscht! Hilf den Lamas und male den Weg zu ihrem jeweiligen Eimer.

S. 35 KÖTTELREIHE

Ergänze die Köttelreihen.

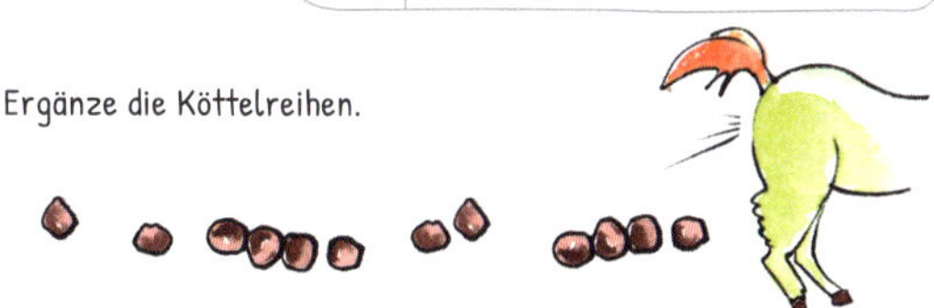

10 – 11 – 12 – 13 – 14 – 15 – 16 – 17 – 18 – 19 – 20

20 – 18 – 16 – 14 – 12 – 10 – 8 – 6 – 4 – 2

3 – 6 – 9 – 12 – 15 – 18

15 – 20 – 25 – 30 – 35 – 40 – 45 – 50 – 55 – 60

99 – 88 – 77 – 66 – 55 – 44 – 33 – 22 – 11

20 – 40 – 60 – 80 – 100 – 120 – 160 – 180 – 200

199 – 219 – 239 – 259 – 279 – 299 – 319 – 339 – 359 – 379

1105 – 1205 – 1305 – 1405 – 1505 – 1605 – 1705 – 1805 – 1905 – 2005

2599 – 3099 – 3599 – 4099 – 4599 – 5099 – 5599 – 6099 – 6599 – 7099

LÖSUNGEN

S. 36 DER WEG ZUM EI

Welches Lama findet den Weg zu den Ostereiern?

S. 37 RICHTIG ODER FALSCH

Lama Fun Facts: richtig oder falsch? Kreise jeweils den Buchstaben in der passenden Farbe ein.

1) Lamas können bis zu 150 Kilogramm schwer werden. L
2) Meist sind die Männchen etwas größer als die Weibchen. A
3) Mit der Wolle von Lamas kann man einen Pulli stricken. M
4) Lamas werden manchmal auch als Lasttier genutzt. A
5) Wird einem Lama seine Last zu schwer, pupst es ganz laut! L
6) Ein Lama ist mit fünf bis sechs Jahren erwachsen. I
7) Lamas sind sehr laute Tiere! E
8) Die Kacka von Lamas wird manchmal genutzt, um ein Feuer zu machen! B
9) Lamas werden 15 bis 20 Jahre alt. E

LÖSUNGSWORT: L A M A L I E B E

1) Richtig! Lamas werden ca. 120–150 Kilogramm schwer: ungefähr sechsmal schwerer als du.
2) Falsch! Tatsächlich sind die Weibchen immer etwas größer als ihre männlichen Artgenossen.
3) Richtig! Vor allem die Weibchen werden geschoren und liefern kostbare Wolle.
4) Richtig! In unzugänglichen Gegenden in Südamerika schleppen nicht Esel, sondern Lamas das Gepäck auf ihrem Rücken.
5) Falsch! Pupsen tut es vielleicht auch, insbesondere aber legt sich das Lama hin und steht erst wieder auf, wenn das Gewicht seiner Last verringert wurde.
6) Falsch! Ein Lama ist bereits mit zwei bis drei Jahren erwachsen und kann dann auch schon eigene Lamakinder bekommen!
7) Falsch! Lamas sind vergleichsweise leise Tiere. Sie geben meist nur eine Art Wiehern von sich, wenn sie ihre Herde vor einer Gefahr warnen wollen.
8) Richtig! Die Lamas kötteln immer an die gleichen Stellen. So entstehen große Haufen, die mit der Zeit trocknen und von den Indios dann als Brennmaterial genutzt werden.
9) Richtig!

S. 38 CHAOS CLUB

Die Lamas sind total aufgedreht und wuseln wild umher.
In welche Richtung zeigen oder bewegen sie sich?
Schreibe ein L für links und ein R für rechts in die Kästchen.

S. 39 RECHENPYRAMIDEN

Ergänze die fehlenden Zahlen in den Ostereier-Pyramiden.

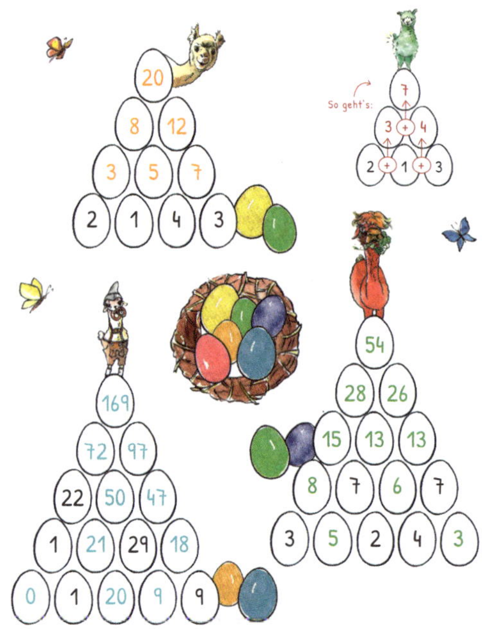